家装参谋 精选图集

HOME OUTFIT REFERENCE

典雅 卷

家装参谋精选图集编写组 编

U0345439

机械工业出版社
CHINA MACHINE PRESS

"家装参谋精选图集"包括5个分册，以当下流行的家装风格为基础，结合不同材料和色彩的运用要素，甄选出大量新锐设计师的优秀作品，通过直观的方式以更实用的使用习惯重新分类，以期让读者更有效地掌握装修风格，理解色彩搭配，从而激发灵感，设计出完美的宜居空间。每个分册均包含家庭装修中最重要的电视背景墙、客厅、餐厅和卧室4个部分的设计图集。各部分占用的篇幅分别为：电视背景墙30%、客厅40%、餐厅15%、卧室15%。每个分册穿插材料选购、设计技巧、施工注意事项等实用贴士，言简意赅、通俗易懂，可以让读者对家庭装修中的各个环节有一个全面的认识。

图书在版编目（CIP）数据

家装参谋精选图集. 典雅卷 ／ 家装参谋精选图集编写组编.
— 北京 ：机械工业出版社，2013.1
ISBN 978-7-111-40992-2

Ⅰ．①家… Ⅱ．①家… Ⅲ．①住宅－室内装饰设计－图集 Ⅳ．①TU241-64

中国版本图书馆CIP数据核字（2012）第315066号

机械工业出版社（北京市百万庄大街22号　邮政编码 100037）
策划编辑：宋晓磊　　　　　　　　责任编辑：宋晓磊
责任印制：杨　曦
北京画中画印刷有限公司印刷

2013年1月第1版第1次印刷
210mm×285mm · 6印张 · 150千字
标准书号：ISBN 978-7-111-40992-2
定价：29.80元

目录

Contents

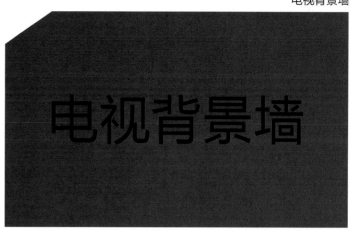

电视背景墙

如何选择电视背景墙的色彩

　　采用不同色彩装饰的电视背景墙所表达的空间效果是不同的，例如，黑、白、灰色系可表达静谧、严谨的气氛，也能表达出简洁、现代和高科技的风格；浅黄色、浅棕色等亮度较高的色系可以表达清新、自然的气息；艳丽丰富的色彩则可以表达热烈、充满激情的氛围。

　　电视背景墙的色彩设计一定要尊重主人的视觉感受。此外，电视背景墙的色彩选择还会受到室内光线、层高、建材材质和风格的影响。其色彩只有与材质固有的色调相和谐，才能装饰出理想的效果。

茶色镜面玻璃

胡桃木格栅

茶色镜面玻璃　　　　石膏板浮雕

实木踢脚线

印花壁纸

木造型刷白　　　　　　　　　　　　　　　　肌理壁纸

水曲柳饰面板　　　　　　　　　　　　　　　　印花壁纸

木窗棂造型　　　　　　　　　　　　　　　　柚木饰面板

茶色镜面玻璃

白枫木装饰线

车边银镜

中花白大理石

中式书法壁纸

强化复合木地板

米色大理石

如何设计客厅电视背景墙的照明

也许你会认为在电视墙上安装灯饰会让人产生光彩夺目的感觉，其实这种想法是错误的。虽然漂亮的背景墙在灯光的映衬下会平添几分情调，有利于彰显主人的个性，但可曾想过，长时间地观看会造成视觉疲劳，久而久之对健康产生不利影响。因为电视机本身拥有的背光已经起到了衬托作用，而且节目在播放过程中也会产生光亮。不过可以在电视背景墙上安装吊顶，在吊顶上安装照明灯。需要注意的是，吊顶本身除了要与背景墙相呼应外，照明灯的色彩和强度也要考虑，不要使用瓦数过大或色彩非常夺目的灯泡，这样在观影时双眼才不会产生刺痛或眩晕的感觉。

红樱桃木饰面板

雕花银镜

印花壁纸

轻钢龙骨装饰横梁

木纹大理石　　　　　　　　　　　雕花烤漆玻璃

陶瓷锦砖   条纹壁纸

樱桃木饰面板

强化复合木地板   车边银镜

柚木装饰线

黑色烤漆玻璃

绯红色网纹大理石　　　　白色乳胶漆

雕花烤漆玻璃

雕花银镜

米色大理石　　　白枫木格栅

石膏板吊顶

镂空雕花隔断 ·······

浅咖色网纹墙砖 ·······

红樱桃饰面板 ·······

混纺地毯 ·······

镂空雕花隔断

手绘墙饰

印花壁纸

茶色镜面玻璃

浮雕壁纸

白色乳胶漆

白枫木格栅

文化砖

水曲柳饰面板

米黄洞石

印花壁纸　　　　　　　　　　木纹大理石

雕花茶色玻璃

红樱桃木饰面板

装饰银镜

米色网纹大理石

中花白大理石

茶色镜面玻璃

红樱桃木饰面板

印花壁纸

白枫木装饰立柱

密度板雕花贴灰镜

泰柚木饰面板

选购电视背景墙壁纸、壁布应注意哪些问题

　　如果房间显得空旷或者格局较为单一,电视墙的壁纸或壁布可以选择鲜艳的暖色调,搭配大花朵图案铺满电视墙。暖色可以起到拉近空间距离的作用,而大花朵图案的满墙铺贴,可以营造出花团锦簇的视觉效果。

　　对于面积较小的客厅,使用冷色调的壁纸或壁布会使空间看起来更大一些。此外,使用一些带有小碎花图案的亮色或者浅淡的暖色调的壁纸、壁布,也会达到这种效果。中间色系的壁纸、壁布加上点缀性的暖色系小碎花,通过图案的色彩对比,也会巧妙地吸引人们的视线,在不知不觉中就会扩大原本狭小的空间。

木质窗棂造型　　　水曲柳饰面板

泰柚木饰面板

木质搁板

绯红亚光墙砖

水曲柳饰面板

胡桃木装饰立柱　　　　　　　　　　　　　　印花壁纸

白色网纹大理石

白色乳胶漆

木质窗棂造型

印花壁纸

木质窗棂造型

印花壁纸

实木浮雕

深咖啡色网纹大理石

绯红色亚光墙砖

水曲柳饰面板　　印花壁纸

浮雕壁纸

绯红色网纹大理石

皮革软包

水曲柳饰面板

亚光墙砖

实木装饰线

水曲柳饰面板

中式手绘墙面

印花壁纸　　　　　　茶色镜面玻璃

实木线条密排

黑色烤漆玻璃顶角线

木质窗棂造型

文化石

雕花银镜

铺贴壁纸、壁布前应注意哪些问题

　　铺贴壁纸、壁布时，室内的空气相对湿度应在85%以下，天气也不宜有太大变化，一定要避免在潮湿季节和在潮湿的墙面上施工。要想使壁纸、壁布铺得美观、耐用、不易起泡和翘曲，施工前对墙面的处理就十分重要了。准备贴壁纸、壁布的墙面必须平整、干燥、无污垢和浮尘。在铺装壁纸、壁布之前，建议最好在墙上先涂一层聚酯油漆，以便防潮、防霉。粘贴壁纸、壁布时溢出的胶粘剂液，应随时用干净的毛巾擦干净，尤其是接缝处的胶痕要处理干净。这也要求施工人员要保持手和工具高度的清洁，若沾有污迹，应及时用肥皂水或清洁剂清洗干净。

皮革软包

有色乳胶漆

中式手绘墙饰

白枫木装饰线

装饰灰镜

黑色烤漆玻璃　　　　　　　　　米色网纹大理石

仿古砖

米黄色洞石

米色亚光墙砖

实木装饰线

印花壁纸　　　　　　　　米色洞石

米色网纹大理石

实木装饰线

白枫木饰面板

浅咖啡色网纹大理石

米色亚光墙砖

印花壁纸

白枫木装饰线

肌理壁纸

密度板雕花贴茶玻

印花壁纸

铺贴壁纸、壁布后应注意哪些问题

　　壁纸、壁布铺贴完毕后,白天应打开门窗,保持通风,晚上要关闭门窗,防止潮气进入,同时也要防止刚贴上墙面的壁纸被风吹,以防松动,从而影响粘贴的牢固程度。要定期对壁纸、壁布进行吸尘清洁,平时一旦发现特殊脏迹,要及时擦除,对耐水壁纸可用水擦洗,洗后用干毛巾吸干水分即可。对于不耐水的壁布要用橡皮等擦拭,或用毛巾蘸些清洁液,拧干毛巾后轻擦。平时还要注意防止硬物撞击或摩擦壁纸和壁布。倘若有的接缝处出现开裂,要及时予以补贴。

绯红色网纹大理石

米黄色大理石

木纹大理石

陶瓷锦砖

木质窗棂造型贴茶玻璃

米黄网纹亚光墙砖

混纺地毯

木纹大理石

茶色镜面玻璃

实木装饰线

密度板拓缝

印花壁纸

木纹大理石　　　　　　　　　石膏板吊顶

有色乳胶漆

水曲柳饰面板

中花白大理石

文化石

木质窗棂造型

中式手绘墙饰

茶色镜面玻璃

印花壁纸

雕花茶色玻璃

仿古砖

印花壁纸

强化复合木地板

茶色镜面玻璃

米色洞石

文化石

白枫木饰面板

茶色烤漆玻璃

中式书法壁纸

雕花茶色玻璃

黑胡桃木饰面板

木质窗棂造型

车边银镜

条纹壁纸

木质窗棂贴茶色玻璃

印花壁纸

如何选购无毒壁纸

消费者在选购壁纸时，除了应考虑其色调的相融性、图案的协调性及与家装整体风格的搭配外，更应该考虑其环保性能。一般来说，木纤维壁纸和加强木浆壁纸都是用木材等制成的，透气性和环保性能均较好，是绿色家居的首选。消费者在购买壁纸时，切不可轻信"进口"或有"环保绿色证书"的产品，而应将鼻子贴近产品，如果没有异味，方可考虑选购。

木质窗棂造型　　　　　　　　　　砂岩浮雕

印花壁纸

白桦木饰面板

白色亚光墙砖

红色烤漆玻璃

米色大理石　　　　雕花银镜

密度板雕花贴银镜

白色乳胶漆

木纹大理石

装饰罗马柱

白枫木饰面板　　　　　　　　　　　雕花茶色玻璃

红樱桃木饰面板

肌理壁纸

木纹大理石

白枫木装饰立柱

客 厅

铺设实木地板应注意哪些要点

1.施工前,装饰材料一定要选择经过干燥、防腐、防虫处理后的品种和型号,材料板块间的色差越小越好。在铺设之前,室内所有的"湿作业"要求全部结束,预埋件要按设计要求埋设到位,抹灰的干燥程度要达到八成以上,门窗玻璃要安装完毕,弹出水平标高线。

2.铺设木龙骨时,应注意与地面预埋件的紧密结合。

3.铺设龙骨的,应注意龙骨的疏密程度,以及与主格栅的连接是否紧密、牢固。

4.刻好通风槽,注意顺序、方位及方向的一致性。

5.铺装隔板(大芯板),注意隔板与木龙骨结合处应紧密、牢固。

6.铺装时,要注意按顺序铺装,有花色、图案要求的地板块应事先标好顺号。在木地板边缘与墙面的垂直夹角处,要预留10mm左右的膨胀槽,以防木地板因受热、受潮后翘曲。

水曲柳饰面板

直纹斑马木饰面板　　　　柚木饰面板

肌理壁纸　　　　石膏板吊顶

水曲柳饰面板

水曲柳饰面板

米色亚光地砖

中花白大理石

羊毛地毯

石膏板吊顶

白桦木饰面板

桦木饰面板

木纹大理石

白色玻化砖

条纹壁纸

印花壁纸

混纺地毯

白色玻化砖　　　　　　　　密度板雕花贴灰镜

米色网纹玻化砖　　　　　密度板雕花贴银镜

布艺软包

装饰灰镜

水曲柳饰面板

印花壁纸

木纹大理石

水曲柳饰面板

米色玻化砖

印花壁纸

直纹斑马木饰面板

印花壁纸

米黄色洞石

如何防止木地板扒缝

有的地板刚铺设不多久, 板条之间便出现了较大的缝隙, 也就是我们常说的扒缝。这主要与地板在铺设前其含水率过高有关, 如果室内温度过高或经过风干, 地板就会收缩。并且铺设完毕后要及时上油。

红砖饰面

车边银镜

车边银镜　　　　木质格栅

胡桃木肌理造型

皮纹砖

条纹壁纸

白色大理石

陶瓷锦砖

水曲柳饰面板

米色洞石

米色洞石　　　　　　　　　　　　　　　　　　　　　　水曲柳饰面板

实木地板

米黄网纹大理石

直纹斑马木饰面板

聚酯玻璃

木线条刷金

米色大理石

米色玻化砖

白色洞石

米色玻化砖

强化复合木地板

印花壁纸

装饰硬包

实木地板

皮纹砖

黑白根大理石

胡桃木装饰立柱

雕花银镜

混纺地毯

水曲柳饰面板

石膏板异型吊顶

皮革软包

水曲柳饰面板

柚木饰面板

印花壁纸

米色网纹大理石　　　　黑晶砂大理石

雕花银镜

水曲柳饰面板

木纹大理石

强化复合木地板

木纹大理石拼花

如何降低木地板的声响

人们在地板上走动时，鞋与地板摩擦会发出咯吱咯吱的响声，很不悦耳，这往往是由于地板铺设的质量不高造成的。为此，铺设地板时要注意龙骨与地面、地板之间结合的牢固度，所用钉子的数量和钉子的长度也要恰当。同时，还要防止龙骨间距太大，地板的含水率过高，否则铺设后地板一旦干燥，就会收缩、松动。

强化复合木地板

木纹大理石

羊毛地毯　　　　　　　　米色洞石

肌理壁纸

红樱桃木饰面板

泰柚木装饰线

强化复合木地板

印花壁纸

混纺地毯

胡桃木饰面板

装饰灰镜

装饰硬包   水曲柳饰面板

印花壁纸

车边银镜

木纹大理石

直纹斑马木饰面板

石膏板吊顶

白色亚光地砖

樱桃木饰面板

木纹大理石

强化复合木地板

茶色烤漆玻璃

胡桃木装饰横梁

如何防止木地板变成"花脸"

　　即使使用同一树种的地板板条，颜色也会出现较大的差异。如果铺设不当，便极易呈现出"花脸"。在使用清漆木色地板，特别是色差极大的树种板条进行铺设时，应考虑板条的选择和调配，要做到地板的颜色由浅入深，或者由深入浅逐渐地过渡。

肌理壁纸

仿古砖

木纹大理石

车边银镜

装饰硬包

印花壁纸

白桦木饰面板

实木地板

石膏板吊顶

雕花烤漆玻璃

樱桃木饰面板

米色洞石

木质格栅　　　　　　　　　　　　　彩绘玻璃

木造型刷白

白色乳胶漆

木纹大理石

皮纹砖

米色洞石 米色玻化砖

肌理壁纸

印花壁纸

皮纹砖

木纹大理石

米色大理石

米色玻化砖

印花壁纸

白色玻化砖

深咖啡色网纹大理石

爵士白大理石

如何防止木地板起鼓

有的地板在铺设完毕后，因受潮膨胀而出现起鼓现象。这种现象主要与地板周边的环境，特别是地面基础太潮、地板含水率高或进水有关。为了确保地板不起鼓，在其他装修工程结束时，不能立即铺设地板。如果居室处在潮湿的环境里，以铺设防潮地板为宜。

皮纹砖

雕花银镜

彩绘玻璃

印花壁纸

红砖饰面

肌理壁纸

茶色镜面玻璃　　　　　　皮纹砖

中花白大理石

桦木饰面板

米色网纹大理石

皮纹砖

仿古砖

胡桃木雕空

浅咖啡色网纹大理石

实木地板

仿古砖

条纹壁纸

水曲柳饰面板

白色玻化砖

印花壁纸

雕花灰镜

轻钢龙骨装饰横梁

泰柚木饰面板　　　　　　　白枫木饰面板

水曲柳饰面板

如何防止木地板起翘

　　木地板起翘主要是因为其没有经过正规的干燥处理所引起的，所以在安装时可以在地板下面铺上一层塑料薄膜，一方面可以起到防潮和防止地板起翘的作用，另一方面能具有一定的隔声效果。除此之外，提前几天把地板放置于要铺设的室内，使木材适应室内的温度，也能防起翘。

浮雕壁纸

强化复合木地板

浅咖啡色网纹大理石

爵士白大理石

米色玻化砖

米色网纹大理石

白色乳胶漆

水曲柳饰面板

白色网纹大理石

肌理壁纸

泰柚木饰面板

羊毛地毯

胡桃木装饰线

水曲柳饰面板

红色烤漆玻璃

中花白大理石

肌理壁纸

水曲柳饰面板 ……………………

白色玻化砖 ……………………

中花白大理石 ……………………

雕花灰镜 ……………………

白色乳胶漆

皮纹砖

雕花银镜

深咖啡色纹大理石

混纺地毯

直纹斑马木饰面板

印花壁纸

陶瓷锦砖

灰色洞石

水曲柳饰面板　　　　　　　　　　　　白色亚光地砖

米色洞石

胡桃木装饰线　　　　　　　　　　　浮雕壁纸

木纹大理石

印花壁纸

肌理壁纸 印花壁纸

艺术地毯

石膏板吊顶

米色抛光墙砖

肌理壁纸

肌理壁纸

如何保养木地板

1.防水：木地板最怕水，如果不小心洒上了水，要及时用细软抹布擦干净，以保持其干燥，以免影响其光泽，甚至造成翘曲、开裂或霉烂。

2.防火：在未放置好防燃、防烫的垫层前，电炉、电饭锅、电熨斗等电器都不能随意放在其上，否则容易灼伤木地板。不可以用汽油擦拭地板板面上的灰尘和污垢，以防摩擦产生静电，引起火灾。

3.防损伤：木地板极易受到损伤。不要穿鞋底锋利、带铁掌或硬底皮鞋在木地板上走动，否则其表面会受到损伤。千万不能在木地板上拖拉表面粗糙、笨重和高硬度的物品。放置这样的物品时，首先应铺好保护垫层，并且注意轻放；更不要把底面有棱角的物品直接放置在木地板的板面上，以防磨损。

4.防污垢：木地板也怕凝结污垢，如果是水溶性物质留下的一般污垢，可先拭去浮尘，然后用细软抹布蘸上浓茶水、淘米水或用橘皮浸泡的橘皮水擦拭。这样既能去除污垢，还能恢复漆膜的光泽。

混纺地毯

木纹大理石

桦木饰面板

石膏板吊顶

米色洞石

木纹大理石

米色玻化砖

条纹壁纸

仿古砖

强化复合木地板

绯红色网纹大理石

印花壁纸　　　　　　　　　　　　　　　　　　　木纹大理石

米色亚光地砖

羊毛地毯

羊毛地毯　　　　　水曲柳饰面板

皮革软包

红樱桃木饰面板　　　　　　　　不锈钢条

装饰银镜　　　　皮革软包

米色洞石

陶瓷锦砖

羊毛地毯

印花壁纸

如何选购木地板

1.观测木地板的精度：在平地上拼装10块地板，用手摸及用眼看其加工质量的精度及光洁度看其是否平整、光滑，榫槽配合尺寸是否符合标准，安装后有无缝隙，抗变形槽的拼装是否严丝合缝。质量好的地板做工精密，尺寸准确，边角平整，无高低差。

2.检查基材的缺陷：看地板是否有死节、活节、开裂、腐朽及菌变等缺陷。由于木地板是天然木制品，客观上存在色差和花纹不均匀的现象。如果过分追求地板无色差，反而是不合理的，只要在铺装时稍加调整即可。

3.考察板面、漆面的质量：油漆分为ＵＶ、ＰＵ两种。一般来说，含油脂较高的地板，如柚木、蚁木、紫心苏木、香柏木等需要用ＰＵ漆，若用ＵＶ漆则会出现脱漆起壳现象。选购时关键看烤漆漆膜的光洁度、有无气泡及漏漆现象，还要看其耐磨度等。

木格栅吊顶

白枫木踢脚线

柚木饰面板

胡桃木饰面板

雕花茶玻

桦木饰面板

米色玻化砖

密度板雕花贴灰镜

实木地板

混纺地毯

米黄洞石

餐 厅

餐厅地面选材应注意哪些事项

  餐厅地面的材料以各种瓷砖和复合木地板为首选,这些材料均因耐磨、耐脏、易于清洗而受到普遍欢迎。复合木地板要注意其环保要求是否合格,也就是单位甲醛释放量是否达标。瓷砖和复合木地板的款式非常多,可形成各种不同种类的装饰风格。石材地面可以使空间显得高贵、典雅,但要注意石材的放射性是否符合国家标准。

  餐厅地面的材料不宜选用地毯,因为地毯不耐脏,又不易清洗,而且餐厅时不时会有些油腻的菜汤和饭屑,一旦洒到地毯上则很难处理干净。平时地毯积累的灰尘较多,如果来不及吸尘清理,最终餐厅的地面就会成为一个"病毒库",会对经常在此进餐的主人造成潜在的危害。

实木地板

印花壁纸

米色玻化砖

白枫木踢脚线

米色亚光玻化砖

印花壁纸

米色玻化砖

布艺软包

陶瓷锦砖

密度板雕空

实木饰面垭口

有色乳胶漆

白色乳胶漆

米黄色亚光地砖

茶色镜面玻璃吊顶

石膏板吊顶

浮雕壁纸

米色玻化砖

白色乳胶漆

木地板

泰柚木饰面板

米色网纹玻化砖

白色乳胶漆

磨砂玻璃

彩绘玻璃

强化复合木地板

水曲柳饰面板

有色乳胶漆

木质窗棂造型　　　　　　　　　　　　　　　　　　　　　　　米黄色网纹玻化砖

白色网纹玻化砖

黑白根大理石踢脚线

石膏板吊顶

深咖啡色网纹大理石

强化复合木地板

如何选择餐厅灯具

　　餐厅照明最好采用间接光线，以求塑造出柔和而又富有节奏感的室内情趣。因此，选用餐厅灯具时应考虑所选灯具的大小、悬垂高度、色彩、造型及材质等多方面因素。灯具的悬垂高度将直接决定光源的照射范围，应根据就餐区的大小及房间的高度合理选择。悬垂过高会使房间显得单调、冷清，过低则会显得压抑、拥挤。

　　在选择餐厅灯具时还要注意灯具的色彩和材质应与周围环境相协调。木质餐桌最好选用色调朦胧的昏黄色灯光，以增加餐厅温馨的感觉；而金属玻璃的餐桌椅若配以造型简单的玻璃吊灯，则可将餐厅的气氛营造得更具现代感。

印花壁纸

艺术墙贴

木质搁板

米色玻化砖

白色玻化砖

磨砂玻璃

陶瓷锦砖

手绘墙饰

白色玻化砖

石膏板吊顶

浮雕壁纸

米色亚光墙砖

实木踢脚线　　　　　　　　　　　　　印花壁纸

胡桃木装饰立柱

陶瓷锦砖

仿古砖

羊毛地毯

米色网纹玻化砖

胡桃木饰面板

强化复合木地板

米色大理石

木地板

桦木板装饰线

肌理壁纸 ⋯⋯⋯⋯⋯⋯⋯⋯⋯⋯⋯⋯⋯⋯⋯

白枫木踢脚线 ⋯⋯⋯⋯⋯⋯⋯⋯⋯⋯⋯⋯⋯

胡桃木装饰横梁 ⋯⋯⋯⋯⋯⋯⋯⋯⋯⋯⋯⋯⋯

木质格栅 ⋯⋯⋯⋯⋯⋯⋯⋯⋯⋯⋯⋯⋯

米色网纹玻化砖

印花壁纸

白色玻化砖

如何设计才能保证餐厅合理的照度

　　餐厅的照明设计,要创造出良好的气氛,光源和灯具的选择范围很广,但要与室内环境风格协调、统一。为了更好地显示饭菜和饮品的颜色,选用光源显色指数高的要好。在舒适的餐饮环境气氛中,白炽灯的运用多于荧光灯。餐桌上部和座位四周的局部照明有助于创造出亲切、温暖的氛围。在餐厅设置调光器是有必要的。餐厅内的前景照明可在100lLux左右,桌上照明要在300~750lLux之间。一般情况下,低照度时宜采用低色温光源,随着照度的变高,会趋向白色光。对照度水平高的照明设备,若用低色温光源,就会感到闷热。对照度水平低的环境,若用高色温的光源,就会产生青白色的阴沉气氛。

有色乳胶漆

茶色镜面玻璃

红樱桃木饰面板

米色亚光地砖

聚酯玻璃　　　　　　　　　　　　　　　　　　　　　仿古砖

条纹壁纸

米黄色釉面砖

聚酯玻璃

实木踢脚线

桦木装饰立柱

条纹壁纸

艺术墙贴

仿古砖

车边银镜

印花壁纸

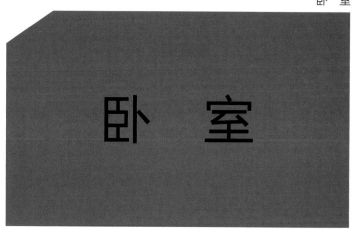

卧室

如何通过设计保证卧室的私密性

卧室的私密性是我们不容忽视的。因此，在装修过程中，需要用良好的施工质量来保护主人的隐私。

1.不可见隐私的设计

（1）门扇所采用的材料应尽量厚，不宜直接使用30mm或50mm的板材封闭，如果用50mm的板材，宜在板上再贴一层30mm的面板；门扇的下部离地应保持在3~5mm左右。

（2）窗帘宜采用厚质的布料。如果是薄质的窗帘，也应加一层纱帘。这对减少外部光线的干扰也是有帮助的。

（3）善用帷幔。卧室的空间如果很大，可以在床周围设置帷幔。一方面可以遮挡视线，另一方面也可以营造出床区温馨的感觉，也有防蚊虫的作用。

（4）设置卧室小玄关。有条件的话，最好设置一个卧室小玄关，避免一览无余。

2.不可听隐私的设计

这就要求卧室具有一定的隔声能力。一般来说，现在隔墙的隔声效果都是比较好的，但是基于空间的问题，有些业主总是喜欢把两个房间中的隔墙拆掉，取而代之的是一个双向或者单向的衣柜。如果其中一间为卧室，那么对私密性要求较高的业主在采用这种做法时就需要注意了。

印花壁纸

强化复合木地板

磨砂玻璃

羊毛地毯

木踢脚线　　　　　　　　　　　　　　　　　　　　木地板

米色亚光地砖

彩绘玻璃

肌理壁纸

布艺软包

木质搁板 ......

混纺地毯 ......

木质窗棂造型贴银镜 ......

装饰硬包 ......

皮革软包

布艺软包

木装饰线

中式手绘墙饰

肌理壁纸

布艺软包

羊毛地毯

装饰硬包

木地板

皮革软包

肌理壁纸

强化复合木地板

胡桃木肌理造型

泰柚木饰面板

水曲柳饰面板　　　　　　　　　　木地板

车边银镜

木地板　　　　　　　　皮革软包

皮革软包　　　　　　　　石膏板吊顶

泰柚木装饰线

胡桃木雕花贴银镜

如何打造小户型卧室的空间感

　　为了提升卧室的空间感，应该大面积地使用浅色调，让空间看起来更大，并充分考虑采光和利用室内灯光；同时还要尝试着用不同的颜色来区分空间，起到划分区域的效果。设计时还应考虑使用透视性能比较好的造型墙，这样做既可以节省空间，又能节省做隔断墙的费用。在造型墙的制作上，可以使用浅色调或穿透性能较强的材料，以增加空间的变化感。

直纹斑马木饰面板

布艺软包

强化复合木地板

胡桃木饰面板

肌理壁纸

印花壁纸

皮革软包

强化复合木地板

印花壁纸

皮革软包

石膏板吊顶

印花壁纸

布艺软包

布艺软包 ....

木地板 ....

印花壁纸 ....

木地板 ....

混纺地毯

强化复合木地板

强化复合木地板　　　　　　　　　　　　　　　　有色乳胶漆

布艺软包　　　　　　　　　　　　　　　　　　　木地板

泰柚木饰面板　　　　　　　　混纺地毯　　　　　　　　肌理壁纸

白枫木饰面板

如何配置卧室顶棚灯饰

　　根据年龄的不同，卧室的顶棚灯饰也应各具特点。儿童天真纯稚，生性好动，可选用外形简洁活泼、色彩轻柔的灯具，以满足儿童成长的心理需要；青少年日趋成熟，独立意识强烈，顶棚灯饰的选择应讲究个性，色彩要富于变化；中青年性格成熟，工作繁重，顶棚灯饰的选择要考虑到夫妻双方的爱好，在温馨中求含蓄，在热烈中求清幽；老年生活恬静安宁，卧室顶棚的灯饰应外观简洁，光亮充足，以表现出平和清静的意境，满足老人追求平静的心理要求。

皮革软包

木质格栅

羊毛地毯

黑色烤漆玻璃

水曲柳饰面板

羊毛地毯   浮雕壁纸

布艺软包

装饰银镜   浮雕壁纸

胡桃木装饰线

木质窗棂造型